走进神奇
的财商大门

财商教育编写中心 编

四川人民出版社

readers-club

北京读书人文化艺术有限公司
www.readers.com.cn
出　品

前　言

　　财商是"财富智商"（Financial Quotient，简写为FQ）的简称，简单一点说是一个人与金钱打交道的能力，是一个人处理个人经济生活的能力；复杂一点说是一个人认识财富（资源）、管理财富（资源）、创造财富（资源）和分享财富（资源）的能力。这种能力主要体现在一个人的习惯(Behavior)、动机（Motivation）、方法（Ways）三个方面。

　　财商与智商、情商并列为现代人不可或缺的三大素质，与我们的日常生活息息相关。当每个人都无法逃避地要进行经济活动时，了解财商智慧、提高财商能力就是完善自我、增强幸福感的重要途径。

　　为什么这么说呢？因为财商教育的根本目的是把人们培养成为理性、智慧的"经济人"，简单地说就是实现个人的财富自由。通往"财富自由"的道路分为三个阶段。第一阶段：不论你有多少财富，你都处在不断挣钱、不断消费的境况中，这个时候你只是财富的奴隶；第二阶段：即使你只有10元钱，但这10元钱在为你工作，而不是你在为它工作，这时你是财富的主人；第三阶段：你和财富间形成了伙伴关系，能够在平等对话的基础上，互相帮助、共同成长，这就是"财富自由"。"财富自由"是一个人实现高品质的社会生活的重要保障，也是实现圆满、和谐、幸福的精神生活的坚实基础。

　　"金钥匙"财商教育系列正是基于这一理念而精心编撰的财商启蒙和学习读本，由"富爸爸"品牌策划人、出品人汤小明先生组织财商教育编写中心倾力打造。书中以充满智慧的富爸爸、爱思考的阿宝、爱美的美妞、调皮好动的皮喽等卡通形象为主人

公，结合国内外财商教育的丰富经验，将知识性、趣味性、实践性融为一体，让孩子们在一册书中能够在观念、知识、实践三个层面得到锻炼。

　　"金钥匙"财商教育系列分为"儿童财商系列"和"青少年财商系列"，分别适应7~10岁的少年儿童和11~14岁的青少年学习，"儿童财商系列"通过丰富的实践活动以及生动有趣的游戏、儿歌、故事版块，侧重培养小朋友的财商意识、良好的理财习惯以及正确的财富观念。"青少年财商系列"在此基础上，旨在培养青少年较为深入地认识一些经济规律，熟悉市场运作的基本原理，逐步把财商智慧应用到创新、创业的生活理念之中。

　　作为国内财商教育的先驱者和尝试者，本系列丛书在编写过程中得到众多德高望重的教育学、经济学等领域专家的指导和帮助，在此向他们致以诚挚的谢意。希望本系列丛书顺利出版后能够为中国少年儿童和青少年的财商启蒙和教育增添一份力量。

财商教育编写中心

2015年11月

主 要 人 物 介 绍

美妞
性别：女
性格：活泼、爱臭美、
　　　爱出风头
喜爱的食物：骨头、肉
喜欢的颜色：粉色

咕一郎
性别：男
性格：内向、聪明
　　　好学
喜爱的食物：谷子
喜欢的颜色：绿色

皮喽
性别：男
性格：活泼、反应快、
　　　粗心
喜爱的食物：桃子、香蕉
喜欢的颜色：黄色

阿宝
性别：男
性格：稳重、爱思考
喜爱的食物：竹子、
　　　苹果、梨
喜欢的颜色：蓝色

富爸爸
性别：男
会出现在各种不同
场合，教给小朋友
们不同的财商知
识。

Contents
目 录

一、打开财商新视角

在一个美丽的城市里，住着几个好朋友，分别是阿宝、美妞、咕一郎和皮喽。他们在爸爸妈妈的照顾下快乐、幸福地成长着。下面，我们一起看看他们一天的生活吧。

7：00

阿宝在太阳的照耀下起床了。

7：10

美妞和一家人共进早餐。

7：30

皮喽乘坐爸爸的汽车去上学。

8：00

咕一郎愉快的学习生活开始了。

富爸爸告诉你

财富的神奇力量让城市发生了巨大的变化，人们的生活越来越方便，衣食住行都发生了改变。大家了解"财商"之后，就像是拥有了一副特别的眼镜，会在生活中发现一些不一样的东西。

FQ动动脑

想一想

我们生活的城市时时刻刻都在发生着变化，为什么会有这些变化呢？

这么多的高楼大厦，它们是怎么建起来的？

城市中的这些人都在干什么呢？

街道上的车可真多呀，这是为什么呢？

FQ笔记

给自己准备一个财富日记本吧，留心观察生活中的各种情景，记录下那些与"财商"有关的活动。

二、观察与思考

一天，阿宝和他的三个好伙伴皮喽、美妞和咕一郎戴上"财商"眼镜，开始回想他们一天的生活中哪些活动可能与"财商"有关。

①

家中的家具、被褥、窗帘都是妈妈在商场用金钱
买来的啊！

我早餐吃的蔬菜和水果都是妈妈从菜市场用金钱买回来的。

3

茄子3.66元斤
花菜3.9元斤
葱

④

93 6.61元/升
97 7.03元/升

　　我想起来了，爸爸开车送我上学的路上，他在路边的加油站付费加油了。

与

30.00元

1.00元

5.00元

9.00元

　　我们学习用的文具都是从超市买回来的。超市货架上不同的学习用品都标有不同的价格标签呢。

富爸爸告诉你

通过观察你们一定发现了：原来，与"财商"相关的活动中很多都与金钱有着紧密的联系，金钱一直在我们身边发挥着非常重要的作用。那么，我们如何与金钱打好交道呢？

FQ动动脑

想一想

每天，你的哪些活动是与金钱有关呢？

FQ笔记

跟爸爸妈妈一起去超市购物，独立购买一些商品，观察哪些商品质量较好、价格合理并做好记录。

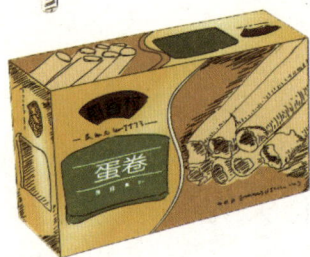

水果区

三、 财商与梦想

　　从前，有一个小男孩，他的名字叫史蒂夫·乔布斯。他非常迷恋电子产品。他常常几个小时待在车库里，把出故障的电子产品修好。

到了20世纪70年代，小男孩已经长大成人。在那个年代，电脑还是一台很古老、庞大的机器，它几乎占据了整个办公室的空间。当时只有军方和大型银行才拥有这种大型电脑。

　　1976年，他与史蒂夫·沃兹尼亚克共同创办苹果公司时，他的理想就是让每个人都有一台电脑在手。

　　1979年，当乔布斯看到施乐公司展示的粗糙的图形用户界面时，他立即认识到这项技术将让电脑融入人们的日常生活中。他利用这项技术开发了广受用户欢迎的个人电脑——麦金托什电脑（Macintosh）。

他还按自己的想法来对电脑进行创新和改造。他预见到每个人都能戴着耳机在任何地方听自己喜欢的音乐，他预见到一种全新的多功能电子产品即将诞生，他预见到个人电脑市场将大有可为。

　　他通过创新让这些预见变成了现实。于是，我们身边才有了现在的 iPad、iPhone 和苹果电脑等产品。

他虽然在这个过程中失败过，但是他从来没有放弃过，一直坚持着自己的梦想。

"梦想家""天才""导师""艺术家"，这都是人们对他的评价。每次产品发布会上，他都会推出更纤巧、更漂亮、更精致的产品。

乔布斯的故事告诉我们：梦想改变世界。

梦想是成功的基础，有了梦想，就有了奋斗的动力，所以每个人从小都应树立梦想。但梦想的实现要靠勤奋和努力，只有坚持不懈，才能达到目的。

FQ动动脑

想一想

读完了史蒂夫·乔布斯的故事，请你想一想：你的梦想是什么？

和爸爸妈妈一起讨论你的梦想，并在纸上画下你的梦想。

学知识很重要！

我们要勤思考！

我们要多动手！

四、老国王选接班人

　　很久以前，有一个非常美丽富饶的王国。这个王国是由一位睿智的老国王创建的。在他的治理下，这个国家越来越富裕，越来越强大。有一天，他决定在三个儿子中选择一位来做他的接班人。于是，他把三个王子召集起来。

1

2

　　国王说："我老了，我要把我的王位传给你们中的一个。我将给你们每人1000个金币，给你们一年的时间，在一年后的今天，谁带回来的金币最多，谁就可以继承王位。"

一年后，三个王子如期赶回王宫。

大王子是第一个回来的。只见他衣着陈旧，面黄肌瘦，似乎一阵风就可以把他吹倒，但是他带回来了900个金币。过了一会儿，三王子也回来了。三王子的样子很奇怪，就像是一个乞丐。他掏了掏口袋，不仅没有一个金币，而且还拿出了几张账单！老国王差点被他气晕过去！最后回来的是二王子。他驾着一辆豪华的马车，车上装满了礼物；而且，他还带回来了10000个金币。

创造财富的过程尤其考验一个人的能力和品行。如果一位国王能充分运用和管理各种资源，并发挥其最大价值，为国家创造相当多的财富，那么，他一定能把国家治理得井井有条，百姓也能安居乐业。

FQ动动脑

想一想

老国王通过什么方式来考验三个王子？为什么要这样考验他们？

FQ笔记

请你将王冠画在可以继承王位的王子头上。

大 王 子　　二 王 子　　三 王 子

五、三个王子的金钱观

三个王子的金钱观（意识方面）

大王子

二王子

三王子

只要省钱，
通过积累，
财富会越来越多！

金钱是一种工具，
要合理使用，
发挥金钱最大的作用，
以便帮助更多的人！

钱是用来花的，
在花钱的过程
中体验快乐！

三个王子的金钱观（行为方面）

出宫后，大王子住进了城郊一个特别破旧的茅草屋。他节衣缩食，舍不得花钱。没过多久，他的身体就开始消瘦了……最后，他带着好不容易节省下的900个金币回到了王宫。

二王子一定还做了很多高财商才能完成的事。

2

王宫大饭店

二王子出宫后，对城里的市场和街道进行了一番考察。他惊奇地发现宫外市场上的饮食和宫内的膳食截然不同。宫外饭店中的菜色单一，味道一般。平日喜欢美食的二王子决定开一家"王宫大饭店"，让臣民们也能享受美食。二王子先做了一个财务规划：将200个金币作为风险基金存起来，拿出800个金币来开办"王宫大饭店"。

经过认真思考，二王子开始召集饭店的员工开会，商讨如何让饭店的菜式更加丰富、口味更加可口。他们不但给饭店起名为"王宫大饭店"，还给每道菜起了特别吸引人的名字，每天的主题也不一样：周一推出"国王大餐"，周二举行"王子晚宴"，周三供应"公主快乐套餐"……

3

　　二王子不断学习有关经营饭店的知识和方法，不断改进饭店的服务及饭菜的质量，使"王宫大饭店"的口碑越来越好，顾客越来越多。他赚到的金币也就越来越多。

看！二王子的饭店还开了许多家分店！

与

几个月过去了，二王子发现很多来饭店吃饭的客人要等很久才能吃上饭。于是，他开了几家"王宫大饭店"的分店，聘用了越来越多的员工。

最后，二王子还利用"王宫"这一品牌开设了"王宫旅店""王宫大剧院""王宫银行"，等等。

三王子过惯了王宫里舒服的日子，所以，他出宫以后买东西从来不问价格，住着豪华客栈，吃着大鱼大肉，穿着绫罗绸缎。不到半年的时间，1000个金币就被他花光了。无奈之下，他只能靠向饭店、旅店老板赊账度日，因此欠下了好几百个金币的债务。

富爸爸告诉你

二王子的财务规划：200个金币存起来，预防风险；800个金币开办"王宫大饭店"，用于投资。我们要像二王子一样合理使用金钱，积极创造财富。

FQ动动脑

读一读

儿 歌

只会储备不会花，
财商训练要增加。
树立梦想做计划，
财商智慧才开花。

FQ笔记

想一想

你赞同二王子的财务规划吗？

六、 财商是什么？

一年前

一年后

观察与思考：比一比图中的左右两座城市在二王子金币的作用下发生了哪些变化？

　　最后，睿智的老国王对三个王子说："孩子们，我决定将王位传给二王子！我传位给他不仅因为他带回来的金币最多，而且还因为我从他赚取金币的过程中，看到了他积极主动的生活态度，看到了他的奋斗精神和他的财商智慧！所以，我相信，他能像经营这1000个金币一样管理好这个国家！"

富爸爸告诉你

财商是人与金钱打交道的能力。大王子和三王子因为不懂得如何与金钱打交道，也不懂得利用金钱，才会落得如此尴尬的地步。二王子则是充分利用了他的财商智慧，最后当上了国王。

FQ动动脑

想一想

如果你有1000个金币，你会怎么做？

FQ笔记

比一比

列举身边的事物，说一说你对财商的理解。

七、寻找财商高的人

　　二王子积极主动的生活态度、敢于奋斗的精神都是高财商的表现！那么，在生活中，哪些人属于财商高的人呢？

谁是财商高的人？

我爸爸的财商很高，因为他是
公司的总经理，他会管理……

我家邻居姐姐的财商很高，因为她通过优异
的成绩得到一笔奖学金，而且她还为灾区的
小朋友捐了很多钱……

我奶奶的财商很高，因为她
很节约，经常记账……

富爸爸告诉你

财商是我们每个人都应该具备的，就像智商、情商一样。但是需要我们不断地去学习、提高，才能让它充分发挥作用。

FQ动动脑

看一看

马上来看看小美丽一家人提高财商的方法吧！

爸爸：了解客户要求，提供优质产品。

妈妈：记录家庭收支情况，进行财务规划。

小美丽：讲诚信。

小美丽的弟弟：学习知识。

FQ笔记

填一填

我＿＿＿＿＿＿的财商很高，因为＿＿＿＿＿＿

＿＿＿＿＿＿＿＿＿＿＿＿＿＿＿＿＿＿＿＿＿＿＿＿＿。

八、钱币的起源

　　很早以前，人们用实物进行交换，比如用一只羊换一只鸡。如果双方手中的实物都是交换双方想要的物品，这种交易通过一次交换就可以完成。

　　但是，这种用实物进行交换的方式有时候会给人们带来麻烦。比如，美妞想用她的鸡换阿宝的羊，可阿宝却想用自己的羊换一头牛。

美妞只好抱着自己的鸡去找有牛的皮喽。这样她就可以用换来的牛，再去换阿宝的羊了。可是，皮喽却想用自己的牛换香蕉吃。

于是，美妞又去找有香蕉的咕一郎。

3

4

最后，等美妞从咕一郎那儿拿到香蕉、再用香蕉去换皮喽的牛时，香蕉已经烂了。换不到牛了，她也就不能从阿宝那里交换到自己喜欢的小羊了。

富爸爸告诉你

起初人类社会并没有钱币，很早的时候人们是用物品与物品进行交换。慢慢的，直接的物物交换常会出现商品交换的困难。当商品交换的数量日益增多、范围日益扩大，就需要钱币作为交换的媒介来方便交换行为，物物交换也慢慢发展为钱币与物品的交换。

FQ动动脑

说一说

请小朋友说一说人类社会早期的物物交换有哪些缺点？

FQ笔记

找一找

下面这些字有哪些共同点呢？

货　财　贸　贱　贷　贫　账

九、钱币长什么样？

　　星期天，阿宝正在整理自己的零花钱。

　　突然，他发现每一种面值的人民币正面都是一个人的头像。"这个人是谁呢？"阿宝跑到客厅去问爸爸。

　　爸爸告诉阿宝："这是中华人民共和国的伟大领袖——毛泽东，人们都尊敬地称他为'毛主席'。"

　　"毛主席的头像为什么会被印在人民币上呢？"阿宝好奇地问道。

　　爸爸回答说："毛主席领导中国人民取得革命胜利，建立了新中国。毛主席对缔造中华人民共和国作出了巨大的贡献。把他的头像印在人民币上，是对他的一种纪念和致敬。人民币被称为国家的'名片'，它的正面是国家领袖，而背面则是我国著名的风景。你一定想知道都有哪些风景被印上人民币了吧？"

　　"当然想知道了！"阿宝边说边仔细观察手中的人民币。

富爸爸告诉你

　　人民币是国家的"名片"。人民币的印制融合了现代生产工艺、技术、科技等成果。其图案的设计也体现出中华民族深厚的文化内涵。爱护人民币是每个公民应有的美德。

连一连

纸币上的风景。（请把纸币面额与对应的风景连起来。）

面 额	风 景
5元	广西桂林山水
10元	山东泰山观日峰
100元	西藏布达拉宫
20元	重庆夔门
50元	北京人民大会堂

纸币上的花朵。（请把纸币面额与对应的花连起来。）

面 额	花 朵
5元纸币	荷花
10元纸币	水仙
20元纸币	梅花
100元纸币	月季

FQ笔记

说一说

回家后，考一考爸爸妈妈，看他们是否知道主要人民币面额上的风景和图案是什么。

十、世界各地的钱币

　　阿宝第一次跟爸爸去银行，兴奋不已。只见他东看看，西看看。他奇怪地发现：一些叔叔阿姨的手里拿着一些花花绿绿的钱币，他从来都没有见过。爸爸告诉阿宝："那是别的国家的钱币。在不同的国家，钱币的样子与叫法都不一样。比如：中国的钱币叫作人民币，美国的钱币叫作美元，英国的钱币叫作英镑……世界各国的钱币都有自己独特的设计，蕴含各国的历史文化。比如各个国家的名人、世界上的珍奇植物和经典建筑等。"

　　听完爸爸的介绍，阿宝已经迫不及待地想要认识各国的钱币了。

美元　　　　美元　　　　美元　　　　日元

欧元　　　　欧元　　　　英镑　　　　日元

小小的钱币，不但蕴藏着丰富的学问，还集合了世界宝藏。比如，美元从5美分硬币到100元纸币的图案连接起来描绘的就是美国的简史。

FQ动动脑

猜一猜

这些外币是在哪些国家或地区流通使用的？

FQ笔记

想一想

和爸爸妈妈一起讨论一下：每个国家在设计本国的纸币时，为什么要以本国或本民族的名人、英雄、建筑或国花等作为图案呢？

十一、 什么是劳动？

　　很久以前，有一个勤劳的农夫，经过多年的辛勤劳动，攒了不少钱，成为一个很富有的人。可是他的几个儿子却十分懒惰，从早到晚只知道睡觉。他们觉得：既然父亲是一个很富有的人，我们不去劳动，这些钱也足够我们用一辈子了，何必每天去辛苦劳动呢？

　　不久，父亲得了一场大病。临死的时候，父亲把儿子们叫到身边，对他们说："因为以前做生意亏本，我们破产了，变成了很贫穷的人。我们家里的财产，只剩下10个金币了。我把它们埋在屋后的田里了，埋得跟稻子的根一样深。我死了以后，你们可以把金币挖出来。"

　　父亲死后，儿子们就拿着锄头到田里去挖金币。可是他们把整个稻田都挖遍了，也没有挖到金币。因为挖金币时把泥土挖松了，所以那年的稻子长得特别好。他们也因此多收入了10个金币。儿子们拿着多收入的10个金币，终于明白了父亲的用意。从此以后，他们辛勤劳动，春耕秋收，成了当地最勤劳、最富有的农夫。

老师上课属于脑力劳动

富爸爸告诉你

劳动是我们在社会中获得财富的一种方式。按照传统的劳动分类方式，劳动分为脑力劳动和体力劳动两大类。

读一读

> **儿 歌**
>
> 学习财商眼界阔，
> 劳动形式种类多！
> 脑力体力相结合，
> 创造财富乐呵呵！

FQ笔记

说一说

请说说你对"劳动"的理解。

劳动的形式可真多啊！

我们应该热爱劳动！

劳动会给其他人带来好处！

劳动总是让我感到很快乐！

十二、家务劳动和劳动报酬

这几天阿宝一直在盘算着要实现暑假到香港迪士尼乐园游玩的梦想，但是他手头的钱还不够，这该如何是好呢？看到阿宝绞尽脑汁的样子，爸爸给阿宝讲了一个故事。

洛克菲勒是美国的亿万富翁，但他对孩子们的要求非常严格。当孩子们在花完了父母给的零用钱后，他会鼓励孩子们通过自己的劳动来获得劳动报酬。星期天，孩子们便忙着为家里拔草、打扫花园或为家人擦皮鞋：一双鞋5美分，一双长靴10美分。孩子们经常从父母那里听到的口号是："要花钱，自己挣！"

听完这个故事，阿宝准备把家里洗碗的任务包下来，以此实现去迪士尼乐园游玩的梦想。

迪士尼乐园

富爸爸告诉你

劳动报酬是指劳动者付出体力或脑力劳动所获得的回报，它体现的是劳动者创造的社会价值。通过家务劳动来获得劳动报酬，可以较早地培养孩子的独立意识。

FQ动动脑

画一画

你是"家务小超人"吗？把你认为自己能做的家务列出来。

FQ笔记

说一说

回家后帮父母做一些力所能及的家务活儿，并跟父母讨论一下其他挣零花钱的方法。

十三、不同的职业

劳动创造了财富。建筑工人创造的财富是大楼，清洁工人创造的财富是干净的城市。每个职业都是社会创造财富链条上的一环。

①

阿宝：

"我的 爸爸 是一位 老师，他不仅每个月有自己的工资收入，而且还为社会 培养了许多优秀的人才。我很高兴 爸爸 为社会创造了财富，让我们的生活更美好！"

美妞：

　　"我的妈妈是一位服装设计师，她不仅每个月有自己的收入，而且还为社会中爱美的人提供了漂亮的衣服。我很高兴妈妈为社会创造了财富，让我们的生活更美好！"

皮喽：

　　"我的爸爸是一名汽车修理师，他不仅每个月有自己的收入，而且还为人们把破损的汽车修理好。我很高兴爸爸为社会创造了财富，让我们的生活更美好！"

3

富爸爸告诉你

职业是指人们利用专门的知识和技能为社会创造物质财富和精神财富，并获取报酬的工作。

FQ动动脑

写一写

请你仿照以上三个小朋友的句式，写一写自己家长的职业及其为社会创造的财富。

"我的_____是_____，他（她）不仅每个月有自己的收入，而且还为社会_____，我很高兴_____为社会创造了财富，让我们的生活更美好！"

FQ笔记

找一找

小朋友，看你能从图中找到哪几种职业？

十四、打开知识的宝库

今天的课堂上，大家都在纷纷谈论自己长大后想从事的职业。

1

我想当飞行员！

2

可是，你会开飞机吗？

有的字我不认识。
这些奇怪的数字和
符号又是什么呢?

为了实现我们的梦想,
我们必须学好相关的
知识才行。

3

富爸爸告诉你

现在我们每天学习的课程,都是在为
我们以后实现梦想积累基础知识,比如数
学、语文、英语、音乐、美术、体育、形
体等课程。

连一连

请你把这些职业其所需要的基础知识（数学、语文、英语）或专业知识连起来。

机械师

园艺师

律师

出租车司机

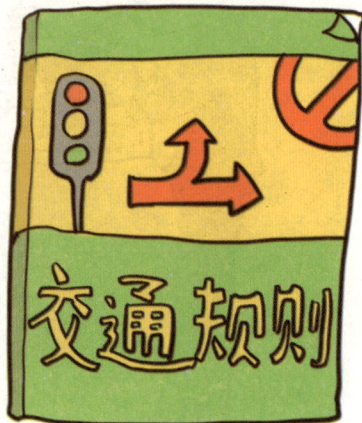

 **FQ笔记**

读一读

儿 歌

各种职业真奇妙，
职业梦想树立早。
基础知识很重要，
专业知识难不倒。

十五、知识创造财富

①

从前，兄弟两人都想在山顶开家小旅馆。
他们开始分头购买建造旅馆所需要的工具。

哥哥用很少的钱买了一把普通的锯子。
弟弟用自己所有的钱买了一把电动锯子。

请小朋友仔细观察弟弟是如何使用电动锯子的？是不是没插电源？

3

接下来，他们都开始用自己买的锯子努力地工作，希望自己的旅馆早点建成。

三个月后，哥哥的旅馆最先盖好。
很多人住进了哥哥的小旅馆。
哥哥也因此赚了很多钱。

富爸爸告诉你

不仅劳动可以创造财富，知识也可以
创造财富。所以请珍惜现在的宝贵时间，
学习更多的知识，学习如何与人打交道，
争取学到更多的本领！

FQ动动脑

猜一猜

　　谁最先把旅馆建成？哥哥还是弟弟？在你认为的人物下面画上"√"。

明明是使用电动锯子的弟弟的工作效率高呀！

请你再仔细看看弟弟是如何使用电动锯子的吧。

FQ笔记

想一想

1. 我们可以通过哪些方法获得知识呢？

老师讲课

自己看书

上网学习

与同学交流

观察思考

2. 看图，说一说图中的小朋友采用了哪些学习方法？

（　　　　）

（　　　　）

（　　　　）

（　　　　）

说

写

听

十六、科技改变生活

需要3天

过去，我们骑马从山东到北京需要几天；而现在，两地之间坐火车只需几个小时。

需要3小时

过去，我们只能看着
小鸟在天上自由飞翔。

现在，我们可
以和小鸟一起飞。

过去，我们要联系
远方的朋友只能写信。

现在，我们可以和朋友打电话、发短信。

变化可真大啊！

过去，我们看见漂亮的景色只能画下来。

现在，我们可以用数码照相机记录美好的生活。

富爸爸告诉你

你想拥有一把开启财富大门的"金钥匙"吗？这需要科技与创新！在生活中要仔细观察、勤于思考、多问"为什么"，这样我们才能创造出世界上本来没有的东西。一项伟大的发明不仅可以给自己带来财富，而且还会给整个世界带来财富！

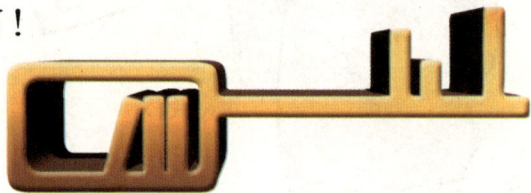

FQ动动脑

说一说

你能举例说一说，随着科技的进步，我们的生活在其他方面发生的变化吗？

FQ笔记

画一画

　　和同学交流自己了解的发明家及其发明，并画下来。发明家可以是一个伟大的历史人物，也可以是你知道的一个朋友或者是你自己（如果你已经设计好了某项小发明）。

十七、创新创造财富

1960年中国遇到了严重的粮食问题。一个个蜡黄脸色的水肿病患者倒下了。袁隆平目睹了这一严酷的现实，他辗转反侧，不能安睡。他决心努力发挥自己的才智，用所学的专业知识尽快培育出水稻新品种，让粮食大幅度增产，用农业科学技术战胜饥饿。

①

他依据已有的对植物遗传学较深的认识，对试验田中的水稻进行仔细观察和统计分析，开始了对"杂交水稻"的研究工作。

2

袁隆平迈开双腿，走进了水稻的茫茫绿海，去田间收集第一手科研资料。

　　时间一天天过去，袁隆平头顶烈日，脚踩烂泥，弯着腰，一穗一穗地观察水稻。

3

功夫不负有心人，袁隆平的杂交水稻终于研发成功，并得到大面积的推广和种植。他高兴地坐在大片的稻田间纳凉。

他的杂交水稻成果在国内外荣获多项专利。

与

专利证书

袁隆平爷爷解决了世界性的粮食问题，使很多人免于饥饿！他上演了一场创新创造财富的神话。

富爸爸告诉你

专利是受法律规范保护的发明创造。你的专利就是指你独有的东西，如果别人想使用它，必须要通知你。

如果别人要用它赚钱，赚的钱也有你一份。如果那个人不给你钱，他就违法了。

FQ动动脑

读一读

儿歌

创富故事身边找，
最好要数高产稻。
隆平爷爷贡献大，
勤奋创新爱思考。

FQ笔记

找一找

你身边的哪些物品属于专利产品？

十八、花匠的金子

    从前，有一个勤劳的花匠。他每天都在自己的花园里辛苦地种植花卉，赚钱度日。

有一天，他去城里给买花的人送花，路上听到别
人在谈论："大山南部有一块地可以挖出金子来。"

于是，花匠把自己的花园卖了。他背着卖掉花园的钱，去大山南部挖金子去了。

3

花匠在大山里面辛苦地挖啊，挖啊。他挖了好长时间都没有挖到金子。此时的他已经变得衣衫破烂了。

花匠突然想起了自己以前种花时候的生活：那时虽然也很辛苦，但是至少自己劳有所得，而不是像现在这样一无所获。于是，他放弃了挖金子，回到家乡继续自己的种花生活。

与

也许我错了……

　　花匠又回到了原来的生活状态，并且更加努力，靠种花换来了更多的金子。

挖金子靠的是运气，只有凭借自己掌握的知识并辛勤的劳动才能换来真实的财富。

天上不会掉馅饼，不能靠运气致富。

脚踏实地才能积累财富。

FQ动动脑

画一画

在你认为正确的图画边画上" "。

我想当服装设计师，所以我现在要多看有关服装设计的图书和资料。

我以后想做有钱人，如果我坚持买彩票，将来一定能赚大钱。

我以后想当老板，即使我现在什么都不学，以后也可能靠运气实现当老板的愿望。

我喜欢历史，可以多参观博物馆。这也是一种不错的学习途径。

讲一讲

给同学们讲一讲那些脚踏实地创造财富的小故事吧。

十九、特殊的符号

　　一天，阿宝和爸爸妈妈一起去饭店吃饭。在饭桌上，阿宝发现每一道菜的盘子边上都有一张小纸条，写着厨师的编号。阿宝很好奇，爸爸告诉阿宝："这是厨师的商标。""什么是商标？"阿宝问道。

　　爸爸笑了笑，说道："商标是一种有着显著特征的标志。商标的起源可以追溯到古代，当时工匠们做好一件艺术品或实用产品后，为了表明这是自己的作品，就将自己的名字或者记号标在上面。这就是最原始的一种商标形式。随着历史的发展，这些原始的标记慢慢演变成为今天的商标。你所喜欢的玩具、零食、运动鞋等都有一个属于自己的商标。它们都是用不同的图案或者文字来表示，目的是为了将自己的商品或服务与别人的区别开来。"听完爸爸的话，阿宝决定今后一定要留心观察身边的商标。

富爸爸告诉你

商标，英文"trademark"，就是生产经营者在其生产、制造、加工、拣选、经销的商品或服务上采用的一种有着显著特征的并经国家核准注册的标志，目的是为了将自己的商品或服务与别人的区别开来。

FQ动动脑

画一画

请你为某种商品设计一个属于自己的商标。

FQ笔记

找一找

请把下图中出现的商标找出来。

二十、创富七色花

　　现在QQ已经成为大家打开电脑后经常要打开的程序，它改变了数亿人的沟通习惯。那么，QQ的发明者是谁呢？他就是腾讯公司的总裁马化腾。

　　一次偶然的机会，马化腾接触了一个以色列人开发的即时聊天工具ICQ。马化腾觉得这个工具虽然能在电脑上提供即时信息功能，但它有一个很大的缺点，就是没有中文的，中国人用起来很不方便。他决定一定要发明出一个适合中国人需求的聊天软件。

　　在研发的过程中，马化腾细心观察、认真总结别人的经验。功夫不负有心人，经过不断实验，马化腾终于发明出一款新的聊天软件——QQ。QQ推向市场之后，广受大家喜爱，而马化腾也通过这个软件获得了巨大的财富。

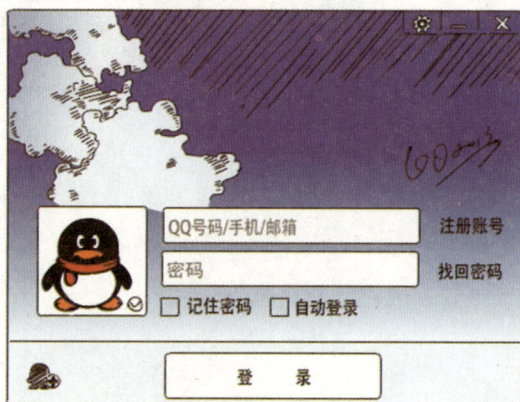

富爸爸告诉你

如何才能拥有创新的财商智慧呢？
1.学会细心观察，满足人们的某些需求；
2.学会变换角度分析问题；
3.总结并学习前人的经验。

FQ动动脑

练一练

请看下面的创富七色花，每朵花瓣上都放着一个常见的物品。你能用创新思维改造一下这些物品吗？把你改造的想法简单地写下来或者告诉你身边的朋友。

物品名称	改造思路
1. 小猪存钱罐	
2. 闹　钟	
3. 钢　笔	
4. 手　表	
5. 茶　杯	
6. 桌　椅	
7. 绢　花	

FQ笔记

读一读

儿 歌

创新思维很奇妙，
创造财富离不了。
多提问题勤思考，
生活变得更美好！

图书在版编目（CIP）数据

走进神奇的财商大门 / 财商教育编写中心编 . – 成都：四川人民出版社，2016.4
（金钥匙系列）
ISBN 978-7-220-09773-7

Ⅰ . ①走… Ⅱ . ①财… Ⅲ . ①财务管理 – 儿童读物

Ⅳ . ① TS976.15-49

中国版本图书馆 CIP 数据核字 (2016) 第 029693 号

ZOUJIN SHENQI DE CAISHANG DAMEN

走进神奇的财商大门

财商教育编写中心 编

责任编辑	江　澄
特约编辑	张　芹
封面设计	朱　红
责任校对	蓝　海
版式设计	乐阅文化
责任印制	聂　敏

出版发行	四川人民出版社　（成都槐树街 2 号）
网　　址	http://www.scpph.com
E-mail	scrmcbs@sina.com
新浪微博	@ 四川人民出版社
微信公众号	四川人民出版社
发行部业务电话	（028）86259624　86259453
防盗版举报电话	（028）86259624
照　　排	北京乐阅文化有限责任公司
印　　刷	三河市三佳印刷装订有限公司
成品尺寸	190mm×247mm
印　　张	7
字　　数	100 千字
版　　次	2016 年 4 月第 1 版
印　　次	2016 年 4 月第 1 次印刷
书　　号	ISBN 978-7-220-09773-7
定　　价	36.00 元